·中国财富收藏鉴识讲堂·

欧阳朝霞讲南红

欧阳朝霞 ◎ 著

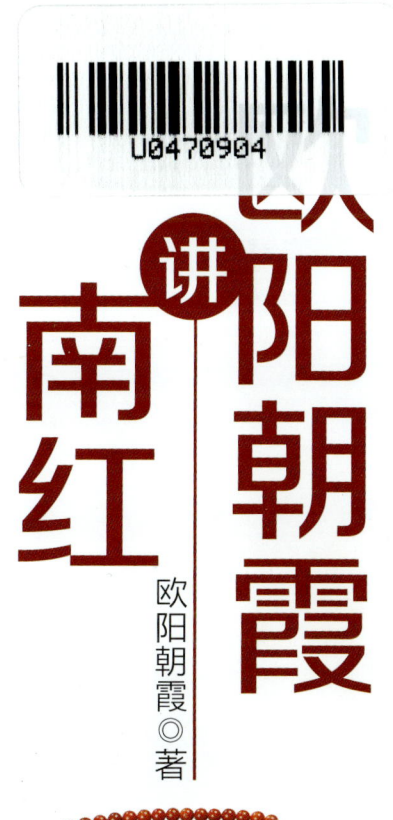

中国财富出版社

图书在版编目（CIP）数据

欧阳朝霞讲南红／欧阳朝霞著 .—北京：中国财富出版社，2015.7
（中国财富收藏鉴识讲堂）
ISBN 978-7-5047-5749-4

Ⅰ.①欧… Ⅱ.①欧… Ⅲ.①玛瑙—鉴赏—中国 Ⅳ.① TS933.21

中国版本图书馆 CIP 数据核字（2015）第 133383 号

策划编辑	张彩霞	责任印制	方朋远
责任编辑	张彩霞	责任校对	杨小静

出版发行	中国财富出版社		
社　　址	北京市丰台区南四环西路 188 号 5 区 20 楼	邮政编码	100070
电　　话	010-52227568（发行部）	010-52227588 转 307（总编室）	
	010-68589540（读者服务部）	010-52227588 转 305（质检部）	
网　　址	http://www.cfpress.com.cn		
经　　销	新华书店		
印　　刷	北京京都六环印刷厂		
书　　号	ISBN 978-7-5047-5749-4 / TS・0085		
开　　本	787mm×1092mm　1/24	版　次	2015 年 7 月第 1 版
印　　张	5.75	印　次	2015 年 7 月第 1 次印刷
字　　数	77 千字	定　价	48.00 元

版权所有・侵权必究・印装差错・负责调换

前 言

中华民族是世界上最热爱收藏的民族。我国历史上有过多次收藏热，概括起来大约有五次：第一次是北宋时期，第二次是晚明时期，第三次是康乾盛世，第四次是晚清民国时期，第五次则是当今盛世。收藏对于我们来说，已不仅仅是捡便宜的快乐、拥有财富的快乐，它能带给我们艺术的享受和精神的追求。收藏，俨然已经成为人们的一种生活方式。

收藏是一种乐趣，收藏更是一门学问。收藏需要量力而行，收藏需要戒除贪婪，收藏不能轻信故事。然而，收藏最重要的依然是知识储备。鉴于此，姚泽民工作室联合中国财富出版社编辑出版了这套《中国财富收藏鉴识讲堂》丛书。当前收藏鉴赏丛书层出不穷，可谓鱼龙混杂。因此，这套丛书在强调"实用性"和"可操作性"的基础上，更加强调"权威性"，目的就是想帮广大收藏爱好者擦亮慧眼，为其提供最直接、最实在的帮助。这套丛书的作者，均是目前活跃在收藏鉴定界的权威专家，均是央视《鉴宝》《一槌定音》等电视栏目鉴宝专家。他们不仅是收藏家、鉴赏家，更是研究员和学者教授，其著述通俗易懂而又逻辑缜密。不管你是初涉收藏爱好者，还是资深收藏家，都能从这套丛书中汲取知识营养，从而使自己真正享受到收藏的乐趣。

《欧阳朝霞讲南红》作者欧阳朝霞女士，央视《寻宝》栏目特邀专家，中国地质大学宝石学硕士学位，持有国家注册拍卖师证书、文物拍卖单位专家证书。该书是她研究南红集大成之力作，对于南红收藏爱好者以及研究者均有极大的帮助。

姚泽民工作室

2015 年 4 月

目 录 Contents

第一章
南红究竟是什么 1

第二章
南红玛瑙的宝石学性质 29

第三章
老树新花——云南保山南红玛瑙 39

第四章
初出茅庐——四川凉山南红玛瑙 73

第五章
南红玛瑙与相似宝玉石的辨别 83

第六章
南红玛瑙优化处理 105

第七章
南红玛瑙的评价 113

第一章

南红究竟是什么

——— 欧阳朝霞讲南红 ———

南红究竟是什么

一、鉴定证书引起的故事

三四年前，珠宝鉴定中心来了一位客人，他小心翼翼地从背包里掏出几件已经雕刻好的红色玉石，要求鉴定中心为他出具鉴定证书。工作人员仔细测试过后，给他出具了鉴定证书。这位客人接过证书大惊失色：怎么是玛瑙呢？我明明买的是南红！这几件东西我喜欢，买得也很贵，怎么会是玛瑙呢？红玛瑙不是这样的，而且红玛瑙不是很便宜吗？会不会搞错了？！

这接二连三的几个问题引出了这本书的主角——南红。相信到目前为止，还有很多人都没听说过"南红"这个词，当然更谈不上了解了。有的人多少了解一些，也只是知其然不知其所以然。那么南红究竟是什么？是不是玛瑙？又为什么这么贵？为什么这么吸引人？红玛瑙真的很便宜吗？

模特照（极品保山南红首饰）
南红传奇收藏

这位客人所谓的南红其实就是南红玛瑙的简称，是对一定地域所产据有独特特征的天然红玛瑙的称呼，南红玛瑙近几年才出现在收藏圈。但是，南红玛瑙并非地质学上的概念，在 GB/T 16552—2010 珠宝玉石名称的国家标准中，也没有南红玛瑙一词。既然如此，按照国家标准，这种红色玛瑙在珠宝鉴定证书上就不能标注为"南红玛瑙"，只能定名为"玛瑙"或"红玛瑙"。南红是收藏圈里自发形成的一种称呼，这个名字来源于民间，接近生活，属于一种商业名称。根据我国质量法，经过国家计量认证的珠宝鉴定中心，才有资格出具珠宝玉石鉴定证书，出具鉴定证书的依据就是国家标准，既然南红玛瑙在国家标准中不存在，那么，若现在哪家鉴定中心出具的证书出现了"南红玛瑙"，那么这份证书就是违背现行有效的国家标准的，质量监督部门有权对其进行查处，国家标准具有实效性。

黄龙玉就是一个实例，早期黄龙玉也是个自发形成的商业名称。黄龙玉这个名称出现的时间在 2004 年前后，产地是云南龙陵，其颜色以黄色为主，因此石农石商们给它取了"黄龙玉"这个名字，但在 2010 年以前珠宝玉石名称国家标准中并没有这个名字，所以之前出具的珠宝鉴定证书只能定名为"石

珠宝鉴定证书

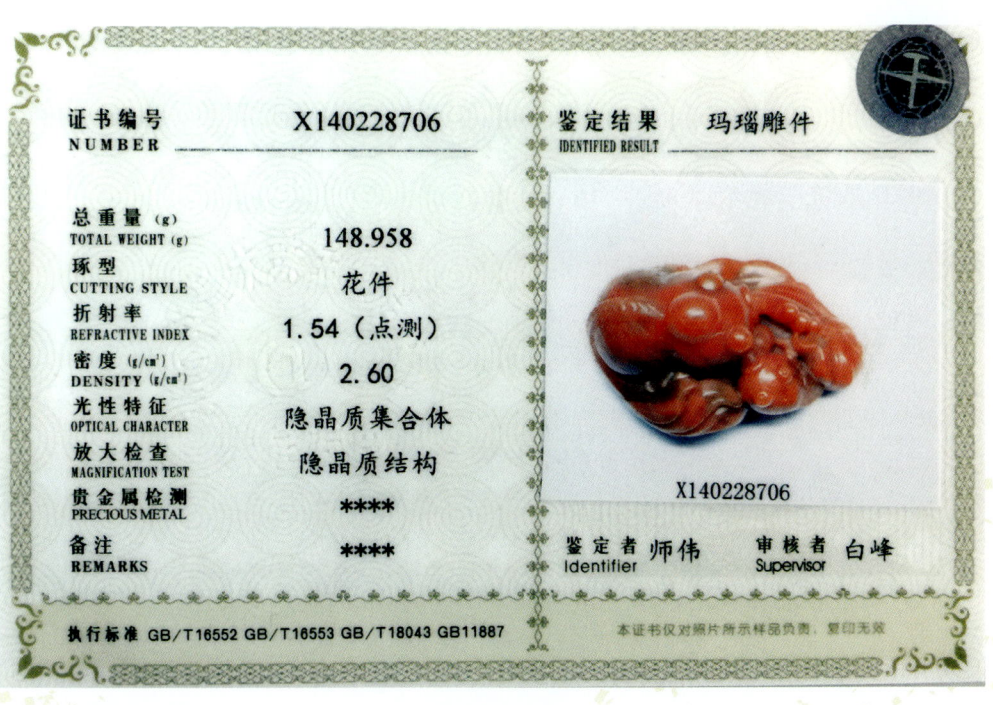

证书编号 NUMBER	X140228706
鉴定结果 IDENTIFIED RESULT	玛瑙雕件
总重量(g) TOTAL WEIGHT (g)	148.958
琢型 CUTTING STYLE	花件
折射率 REFRACTIVE INDEX	1.54（点测）
密度 (g/cm³) DENSITY (g/cm³)	2.60
光性特征 OPTICAL CHARACTER	隐晶质集合体
放大检查 MAGNIFICATION TEST	隐晶质结构
贵金属检测 PRECIOUS METAL	****
备注 REMARKS	****

执行标准 GB/T16552 GB/T16553 GB/T18043 GB11887

鉴定者 Identifier 师伟　　审核者 Supervisor 白峰

本证书仅对照片所示样品负责，复印无效

珠宝鉴定证书

保山南红作品　南红传奇收藏

禅　保山南红　南红传奇收藏

保山南红作品　南红传奇收藏

出的主体颜色为红色调的玛瑙为南红玛瑙，有一定的地方保护倾向，但对南红的鉴定与推广具有一定意义。可以想象，不久的将来，南红玛瑙也可以出现在《珠宝玉石名称》国家标准上。

二、曾经辉煌的南红文明

中国是玉的国度，玉文化延绵几千年，贯穿中国的文明史。自然界中色彩斑斓的玉石品种有很多，温润如脂的羊脂白玉，翠绿欲滴的翡翠，鲜艳浓郁的孔雀石和绿松石。然而在这个酷爱红色的民族却鲜见红色玉石的踪迹，只有吉祥辟邪的红珊瑚能聊以满足人们对红色的需求。

自古色泽鲜艳的红色玛瑙非常少见，古人把红色的玛瑙称为"赤玉"，或称为"赤琼"。 古人用之入药，养心养血，信仰佛教者认为红玛瑙有特殊功效。佛教七宝中的赤珠（真珠）指的就是红玛瑙。历史上的富贵人家家中多有"珍珠、玛瑙"，这"玛瑙"所指的也应该是红色玛瑙，因为只有红色玛瑙才是弥足珍贵的。《格古要论》中就有"玛瑙无红一世穷"的说法，可见红色对玛瑙的意义有多重大！ 然而，红色不仅对玛瑙重要，对整个中华民族都是极其重要的。最早人们对"红色"的喜爱来源于对太阳、对火的崇拜，太阳、火是生命中不可或缺的，是生命的象征。人们过年贴红色的对联、福字也是以红为底色，放的鞭炮是红色的，红包是人情交往中必不可少的；红色不仅代表喜庆、吉祥，在中国人心目中还可以辟邪，比如说本命年讲究穿红色的内衣，系红色腰带；古代诗词中的"红袖""红颜"是美丽女子的代名词。由此可见中国人对红色的偏爱自古以来根深蒂固。红玛瑙的出现正好迎合了中国人对红色的审美以及对红色的需求，尤其是优质红玛瑙深沉、凝重、端庄的红色更是人们心中那抹中国红。

　　古人心目中的"赤玉""赤琼"正是我们现在的红玛瑙。早在距今3000年的古金沙国就已经开始使用红玛瑙。距今2500年，古滇国慢慢兴起，为数众多的红玛瑙的使用贯穿了整个古滇国的历史。在河北省平山县战国中山王墓、满城汉代中山靖王刘胜和其妻窦绾墓中都有红玛瑙珠串出土。刘胜与窦绾墓中"金缕玉衣"殓服闻名中外，但在两人金缕玉衣内出土的红色玛瑙串饰却鲜有人知。其中尤以刘胜墓中出土的红玛瑙珠串品质最高，这条红玛瑙珠串由48颗近圆形珠组成，颜色红润均匀，浑厚大气，虽然已经过去2100多年，依旧高贵美丽。窦绾玉衣内出土的红玛瑙串饰相比之下就显得品位低了很多，颗粒很小，橄榄形，和水晶珠、石珠、玉人等穿结在一起。可见当时红色的玛瑙非常稀少，只有王才可以使用高品位的红玛瑙。

刘胜玉衣内的红玛瑙珠串　　　　　　　　窦绾玉衣内的串饰

徐霞客是明代著名的地理学家、旅游家和探险家,他在游记中记载云南有个玛瑙山:"上多危崖,藤树倒罨,凿崖迸石,则玛瑙嵌其中焉。其色月白有红,皆不甚大,仅如拳,此其蔓也。随之深入,间得结瓜之处,大如升,圆如球,中悬为宕,而不粘于石,宕中有水养之,其晶莹紧致,异于常蔓,此玛瑙之上品,不可猝遇,其常积而市于人者,皆凿蔓所得也。"这段文字对保山南红玛瑙的产状、颜色、大小、质地做了非常清晰、准确的描述,把保山南红关键的特点进行了高度概括,为当代人研究南红提供了准确的信息。明代徐应秋在《玉芝堂谈荟》中记载,"生南方者色正,红无瑕,生西北者色青黑,谓之鬼面","红色者为重,内有五色缠丝者胜之"。而从张增琪先生《滇国与滇文化》中可以得到一个信息,那就是滇国的墓葬中玛瑙饰物出土很多,有红玛瑙、白玛瑙、灰白色条纹玛瑙和浅红色缠丝玛瑙。大多半透明,玻璃光泽,有不同的式样。汉时滇人就以红玛瑙为贵了。

云南保山南红玛瑙是古代红色玛瑙的主要或者也可以说唯一来源。云南保山南红矿的开采,从老滴水洞保存下来的废弃的工具及摆放废料的规范程

保山南红原料图

保山冰红料，巧作佳材　南红传奇收藏

度来看，应该是非常正规的官方开采。但究竟何时开始开采，产量多少等产区状况鲜见资料记载。但保山南红是应用最早的南红，也是历史上认知最深的产地。所以只要提到南红人们会情不自禁地想到云南保山。南红玛瑙的应用历史悠久，到清中期达到顶峰，北京故宫博物院馆藏的"清代红玛瑙凤首杯"，优质的材料和精湛的工艺相结合，是研究南红玛瑙制品的实物资料，具有非常重要的历史、艺术、文物价值。目前传世的老南红玛瑙制品多为珠子以及少量挂件，摆件则较为罕见。然而即使是小到珠子的南红器件也都很少为无瑕物品，多少都带些伤裂。在《中国玉器全集》中收录了三件南红玛瑙的作品：《玛瑙凤首觥》《玛瑙三茉花插》《玛瑙桃椿双孔花插》，为清代留存下来的南红重器。即便是这样的重器依旧有不可躲避的绺裂，所以坊间也有"无裂不南红"或"无裂不保山"的说法。乾隆时期对雕刻工艺、玉石材料的选择标准都非常高，因为大量绺裂不能"成器"，也就逐渐放弃了收藏级大器的制作，同时也放弃了保山南红矿的开采。材料多绺裂，是南红成因和所处地质环境使然，无法应用于大器物加工，而且当年的开采手段、探矿能力相对落后，无法找到更多、更好的矿藏。于是很长一段时间里南红慢慢从历史视线中消失了,以至于大家认为南红在清乾隆时绝矿,当然也有人认为是到清末才绝矿的。

保山南红的裂理发育

三、与南红玛瑙再续前缘

新中国成立后，优秀工艺美术大师创造了一批玛瑙巧作作品，北玉四杰之一、特级工艺美术大师王树森创作的《玛瑙五鹅》曾经轰动玉器行业，把玛瑙的巧作运用到了极致。作品中五鹅的红色头冠、眼睛都是天然原料原色雕刻，作品造型之美、姿态之传神已不必赘述。此外王仲元的《虾盘》《蟹盘》《龙盘》也是非常优秀的玛瑙作品。艺术家们充分利用材料，发挥天马行空的想象，但材料颜色的饱和程度和鲜艳程度似乎还不足够打动人心，材料与清代的南红作品相比，有一定差异。所以他们所用的玛瑙材料并不是南红，而是来源于其他产地。

玛瑙的历史十分悠久，它是人类最早利用的宝石材料之一。在地质历史的各个地层中，无论是火成岩还是沉积岩都能形成玛瑙，所以玛瑙很多。中国玛瑙产地分布很广泛，几乎各省都有，主要有黑龙江、辽宁、内蒙古、湖北、山东、宁夏、新疆、西藏和江苏（所产雨花石以玛瑙为主）等十省区。在世界上整个欧洲、北美以及东南亚也盛产，世界最著名的产地有印度、巴西等地。中国乃至世界的玛瑙储量丰富，玛瑙材料丰富多彩，玛瑙作品争奇斗艳。

但人们仍然不舍那心中的一抹红……

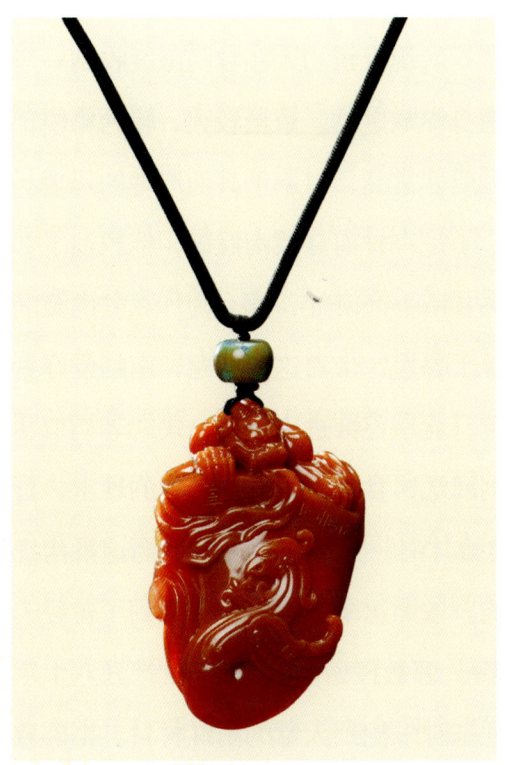

龙行天下保山南红作品　南红传奇收藏 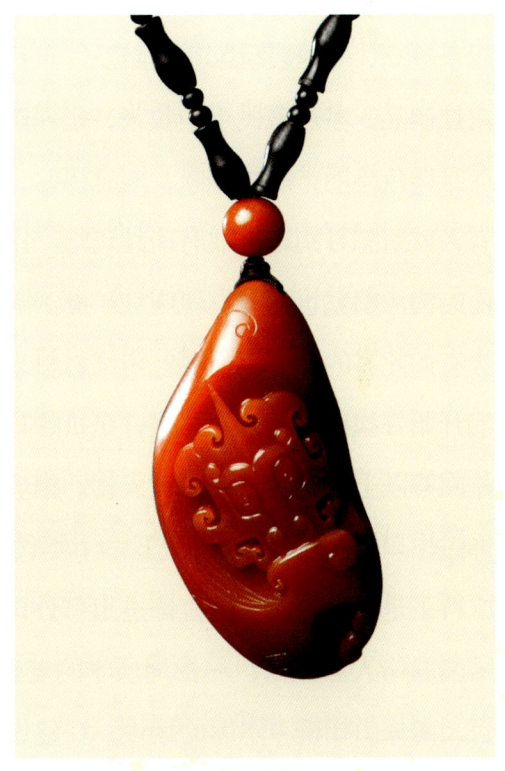　　　　保山南红饕餮纹作品　南红传奇收藏

中国财富 收藏鉴识讲堂

极品保山南红柿子红原料
满红满肉,尤其难得的是裂纹很少,材料非常完整 28cm×18cm×18cm 12.69千克 裕昕珠宝收藏

凉山南红原料　南红传奇收藏

在云南保山和四川凉山发现南红玛瑙原矿。

2005年对于南红玛瑙来说是重要的一年,云南保山南红老矿在沉睡100多年以后,重出江湖;在四川凉山又发现了南红新矿,而且储量颇丰。这两个矿吸引了大量的爱好者,来自北京、上海、苏州等地的买家纷至沓来,形成了找矿、挖矿、相石、品石、炒石、雕刻、收藏的热潮。云南保山南红老树新花,四川南红初出茅庐,两个产地的矿相互扶持、相互依托,很大程度上满足了人们对红色玉石的情感需求,上演了一部南红传奇……

无论是云南保山还是四川凉山,之前的采挖都是个人行为,属于私采滥挖,破坏了环境,石农的安全没有保障,国家的矿藏资源在流失。为了保护坝基,2011年云南保山老矿滴水洞被封。到2013年,包括大黑洞等周边其他的矿点全部被封。就在本书撰写的过程中,传来了四川凉山全面封矿的消息,而且有消息说四川凉山政府要有序开发拍卖南红矿产权。这个消息尚未得到确认,但从所有矿产产业的发展来看,这是一条必经之路,只有有序开发、科学管理才能长远发展。并且从根本上改变一直以来南红原材料私采滥挖状况,避免对矿区生态的进一步破坏。

凉山九口料表现的火焰纹、玫瑰紫

四川凉山九口包浆料作品　笑口常开

第二章
南红玛瑙的宝石学性质
欧阳朝霞讲南红

・南红玛瑙的宝石学性质・

一、南红玛瑙的宝石学性质

一说到玛瑙大家都很熟悉，玛瑙产量很高，人们身旁多能看到玛瑙制品，是一种很有群众基础的玉石，颜色丰富、条纹美丽，价格又不贵，很亲民。不论在《圣经》或佛教的经典中，都有玛瑙的事迹记载。玛瑙在珠宝玉石中属于石英岩质玉石，是具有条带构造的隐晶质石英岩质玉。只要有火山的地方一般都会有玛瑙出现。我们在河流中见到的玛瑙球就是在火山爆发的时候喷射出来的，有的很有观赏价值。玛瑙在形成中大部分中间会形成水晶。玛瑙按照颜色可分为白玛瑙、红玛瑙和绿玛瑙。我国玛瑙产地分布非常广泛，几乎各省都有。天然产出的红玛瑙很少有颜色很浓艳的，多为较浅的褐红色、橙红色。南红玛瑙属于红玛瑙范畴，是非常优秀的红玛瑙，红色是由于氧化铁颗粒聚集呈现的，致色离子是三价铁离子。现在有很多人误认为南红的红是朱砂（HgS）致色，这是不对的。南红玛瑙是红玛瑙中优秀的品种。

通过宝石学研究，南红玛瑙的折射率、密度等宝石学性质与一般玛瑙基本相同，很难从数据上区分两者，但是两者的外观特征不同。南红玛瑙的光泽更加柔和，呈油脂光泽，微透明，观感厚重，部分条带构造明显。而一般玛瑙为玻璃光泽，半透明至微透明，条纹构造明显。

南红玛瑙的化学组成主要是二氧化硅（SiO_2），另外还有少量的铁、锰、钙、镁等微量元素，其中铁为南红的致色元素，给南红带来迷人的红色，红色色域较宽，水红、粉红、橘红、柿子红、正红都有，另外还有部分纯白料和红白料。南红玛瑙摩氏硬度为6.5~7度，比重2.55~2.71，折光率1.544~1.553。主要产于火山岩裂隙及空洞中，也产于沉积岩层中。

南红玛瑙本身具有坚硬致密、柔和细腻、光洁度高、颜色浓艳等特点，是雕琢美术工艺品的上等材料，加上先进的技术与完美的艺术相结合，赋予它奇特的构思、丰富的题材、巧妙的设计、精湛的雕功，使得其表现的艺术效果非凡而超俗。

欧阳朝霞讲南红

笑口常开　保山南红作品　南红传奇收藏

保山南红珠链　南红传奇收藏

二、南红玛瑙的成因和产状

玛瑙的历史十分悠久，它是人类最早利用的宝石材料之一。在地质历史的各个地层中，无论是火成岩还是沉积岩都能形成玛瑙。

地下岩浆由于地壳的变动而大量喷涌，熔岩冷却时，蒸汽和其他气体形成气泡。气泡在岩石冻结时被封起来而形成许多洞孔。很久以后，洞孔浸入含有二氧化硅的溶液凝结成硅胶。含铁岩石的可熔成分进入硅胶，最后二氧化硅固化为玛瑙。一般认为原生玛瑙是由岩浆的残余热液形成的。这种热液充填在火山岩如玄武岩、流纹岩的空隙中，因空隙的形状不同，或成玛瑙球，或成玛瑙脉。经过自然力的作用，原生玛瑙脱落而出，再经过山洪冲击，流水搬运，磨成卵石。

云南保山和四川凉山的南红玛瑙的成因都是火山成因。但云南保山的南红玛瑙与凉山的南红玛瑙的产出形态并不一样。

火山喷涌形成南红玛瑙主要有两种形式，一种是岩浆上涌外泄式。这种方式是地下岩浆活动加剧向地表涌泄，但岩浆活动的剧烈程度不足，所以涌泄的力度不足，只能是小规模的喷发或像泉水一样向地表涌泄。形成的玛瑙多附在地表岩石周围的缝隙或孔洞中，形成典型的鸡窝矿或玛瑙脉，保山杨柳乡附近为鸡窝矿和玛瑙脉，而东山区域未形成玛瑙球，主要以玛瑙脉的形式存在。还有一种方式是地下岩浆活动非常剧烈，外泄方式无法满足其减压的要求，压力之大形成了喷发条件。瞬间的喷发，岩浆以极快的速度穿越地层，将岩石等一起喷向万米高空。通过这种方式形成的玛瑙因为喷发力量大往往比较分散、个头较小，而且携带的杂质比较多。四川凉山南红就是比较典型的代表。

三、何为东红、西红？他们与南红的关系

在收藏圈里，有东红、西红的说法。东红就是指经过热处理的红玛瑙。用自然界中不均匀的浅褐红色玛瑙直接在空气中加热，形成的较为均匀、鲜艳的红色玛瑙，其实就是一个将二价铁离子氧化成三价铁离子的过程，所以原料中必须有一定铁的含量才可以做到。因为这种热处理的方法最早在日本开始使用，所以将这种方法处理得到的红玛瑙称为东红。玛瑙的热处理属于优化方法。所谓优化是指传统的、被人们广泛接受的、使珠宝玉石潜在的美显示出来的优化处理方法。所以在定名时可以直接使用"玛瑙"，珠宝玉石

鉴定证书上也不用附注说明。但是，在目前市场交易中经过热处理的红玛瑙价格比没有经过热处理的天然红玛瑙低得多，尤其是红色纯正艳丽、观感浑厚的南红玛瑙价钱更是高得惊人。所以目前区分是否热处理还是天然红色有强烈的现实意义。与东红相对应的是西红，西红是指天然红色玛瑙。以这种分类方法，南红玛瑙属于西红，自然界中天然红色的玛瑙存量较少，红色较浅且多有杂色，以褐红、灰红为多，南红玛瑙的红色端庄雅丽而具殷实感，是西红玛瑙中优秀的品种。

东红玛瑙手串（热处理）

保山南红手串　南红传奇收藏

第三章

老树新花——云南保山南红玛瑙

———— 欧阳朝霞讲南红 ————

·老树新花——云南保山南红玛瑙·

一、产区基本情况

云南保山是最早发现和开采南红的产地。保山南红颜色上乘，稳重深邃，质地细腻油润，是历史上南红用料的主要来源。明代徐霞客曾对云南玛瑙山悬崖峭壁上嵌有玛瑙一事进行了详细的描述，据考证玛瑙山就在现在的云南保山地区，南红玛瑙的老矿源确切地点在云南保山隆阳区杨柳乡金鸡山，据说在清乾隆时期就已经停止开采了。

2005年，机缘巧合之下，云南保山的滴水洞和大黑洞被发现。滴水洞和大黑洞都是清朝老洞，从总体质量上来说滴水洞的矿源要比大黑洞的好一些，所以从开采的情况来看，滴水洞是清朝以前的主要矿源。据推测由于大黑洞的品质不如滴水洞，所以很早就废弃了。从2005年在老矿洞的基础上再次开采，2011年滴水洞被封，2013年大黑洞被封，这几年云南保山南红主要产于这两个洞。除这两个老矿洞之外，东山的矿也被发现，当时认为价值不高就没有开采。直到近两三年，材料来源越来越少，才开始开采。不仅如此2011年滴水洞被封矿后，有追求利益者在杨柳乡附近疯狂找矿，甚至投资购买机器进行采挖。

南红天珠

取材云南保山滴水洞，保山南红颜色齐聚，有柿子红、辣椒红、柿子黄、水红、瓷白，天然缟丝形成了天然的"眼"，红色浑厚凝润，材料硕大，为极品天然南红玛瑙天珠。25cm×7cm×7cm。南红传奇收藏

南红天珠背面

柳乡时足足开了四五个小时，汽车以低速行驶在"按摩路"上，十分颠簸，交通非常不方便。山上老人很多，年轻人大多出去打工了，老人也基本不会说普通话，问他们是否有玛瑙矿，他们也表示从未听说过。后来找到老矿后，村里人非常高兴，也特别热情。刚开始是一些老人挖矿，换些零花钱买盐巴，后来年轻人也都回来加入采矿的行列。现在从保山去杨柳乡的路已经修好，开车大约四十分钟能到。

保山南红原矿开采一直处于私挖滥采的无序状态，当地村民使用雷管、炸药爆破开采，对山体造成严重破坏，威胁水库及周边生态环境安全。开采无发展规划，更无科学引导，成品加工和交易仅限于民间层面上，多数优质材料被北京、上海、苏州的玉商买走。目前在保山隆阳区有多家玛瑙加工销售商户在保山市珠宝城一带形成一定加工经营规模，在农民街已经形成了零散销售经营市场，以原料和成品销售为主，加工为辅，加工工艺较落后。

为了保护国家矿产资源，确保水库和周边生态环境安全，云南保山的南红各矿点于2013年全面封矿。2014年1月7日，保山市质量技术监督综合检测中心编制的云南省地方标准《南红玛瑙》由云南省质量技术监督局批准发布，并于 2014 年 2 月 10 日起正式实施。相信从现在开始，云南保山南红将在政府的监管和大力支持下，合理规划，进行有序的探矿、安全的开采，制定南红各项标准、培养人才、打造品牌，形成健康有序的产业链。

二、保山南红的特点

保山南红玛瑙颜色鲜艳，色域较宽，可以呈现粉白、粉红、橘红、琥珀、朱红、正红、深红、褐红等不同颜色，柿子红是保山南红标志性的颜色，备受追捧。

保山南红结晶颗粒细腻，晶莹致密，有较好的油脂感和厚重感，近期开采出的部分材料较通透、水润。由于地质环境的原因，保山南红绺裂较多，但没有裂的优质材料非常完美，尤其是滴水洞和大黑洞的材料，顶级的南红材料出自保山。东山的材料颜色浓艳、浑厚，但缺点是材料比较酥，裂多。现在有些保山南红作品在表面处理上不做高抛光，而是做成亚光的，其主要目的就是遮盖裂纹。所以从另外一个角度来看，敢于做成高抛光的都是裂纹少的或者没有裂纹的。

各种颜色的保山南红

保山南红冰白、水红色戒面

步步为营　凉山南红红白料巧作作品
克重：65克　56.5mm×43.3mm×19.6mm　自然贞宝收藏

保山东山南红原料
颜色艳丽　南红传奇收藏

保山东山南红原料
颜色艳丽浑厚但质地很酥

三、云南保山南红玛瑙主要矿点及其特点

云南保山已经开采的主要矿区有两个：西山和东山。西山是指保山西边的山，有大家比较熟悉的矿点，包括滴水洞、大黑洞、冷水沟、三眼井、白沙沟、干仗等，都在杨柳乡。东山是指保山东边的山，东山矿区包括几个乡，大小坑口也有几十个。

保山南红玛瑙的矿点历史最悠久的非滴水洞莫属了，历史上优秀的南红作品大部分取材于此洞。

滴水洞产出的南红玛瑙原石颜色最纯，价值最高，其中柿子红、鸡冠红的原石料也很多，如果能收到滴水洞出的南红是一件幸运的事情。滴水洞由于地处水库附近，目前已完全封矿。滴水洞具体从什么时候开始开采已经无法考证，据说明朝已经开始开采了。滴水洞从开始开采到目前封矿已经经历了好几百年的开采历史。据考察，滴水洞的开采最早是从山顶打直井下去，打到一定深度的时候，就从山坡上打横井接过去，以前山顶的井口就不用了。长期不用，井口慢慢被杂草等掩埋。封矿时滴水洞深六七十米，里面再分别往各个方向采挖，阡陌交通、四通八达，人进去后要三四个小时才能走完。

保山南红柿子红原料

保山柿子红美丽的缟红纹　　　　　　　　保山滴水洞原料

据挖矿的村民说，他们曾经往里挖矿时，突然打通连接了一个大的空间，足有几十平方米，这个空间里摆放着挖掘的工具和一些开采出来的废料，从使用工具的情况和废料的码放规范程度，可以判断这是非常正规的官方开采，而且从时间上看要早于清朝。

大黑洞紧靠着滴水洞，也算比较老的矿源了，这几年很多材料都出自于此。产出的南红原石种类繁多，其中不乏很多质地很好的，像高档的水红、柿子红、红白料等都曾产出过，目前也已经封矿了。

冷水沟，多产小颗粒原石料，颜色较好，但是多带黑色缟丝，大多用于做珠子。

三眼井，琥珀料的主要产地，其中优质的原石料比较接近血色，是做首饰非常好的极品料，常被做成戒面。三眼井的琥珀料与凉山的樱桃红很相似，非常漂亮。

白沙沟，材料零零散散，影响不大。

干仗，红白料居多，高档品质很少，这里的料子肉粗石性重，但是少裂。

保山市区东山上的矿点比较多，这里产出的南红原石色泽好，质地酥松。

保山南红琥珀色戒面

保山南红水红色戒面

保山冰白、琥珀色料巧作作品

获奖作品"神兽"

产地：云南保山　克重：212克　规格：87mm×62mm×34mm　自然贞宝收藏

作品巧妙完美地运用了云南保山南红的红、白俏色，雕刻出神兽龇牙咧嘴的生动表情，牙齿牙龈自然生动，为可遇而不可求典范作品

一旦能产出整料,那就是上等好料。虽然东山原石多裂,但是颜色上乘,多是柿子红、柿子黄等。

保山南红通常块度较大,多与围岩生长在一起,制作时要将南红料与围岩分开再进行制作,保山南红因为地质环境的原因本身绺裂发育,加上开采时放炮炸以及与围岩切分过程中都会使绺裂放大增多,所以取出完整的材料十分困难。现在市面上出现一批带围岩一起创作的保山南红作品,围岩以黑色、棕褐色为主,不仅避免了制作时产生绺裂,而且材料体量大,更易创作,红色在黑色背景的映衬下更显得富贵浓郁。构思之巧、工艺之巧超越古人,赋予了保山南红鲜活的生命力!

保山东山南红原料局部

保山南红印章（带母岩创作的南红作品） 南红传奇收藏

南红如意吉祥图（带母岩创作的南红作品） 南红传奇收藏

云南保山南红矿点已经全面封矿，当地政府已经严令禁止开采，用水泥把几个矿洞都封死了，上面写着：坝基安全，严禁破坏。此外，山民自发开采，设备极简陋，没有任何安全保障，时常造成人员伤亡。现在的保山南红原料大多是山民或收藏家手中的存料，新材料的供应已经阻断。

四、保山南红的市场行情

徐霞客不仅对玛瑙山产玛瑙进行了描述，还对当时的集市交易情况作了记录。据《徐霞客游记》记载，明末腾冲一带的集市贸易特点是"五日一街，早即移街"，其地米价颇贱，仅二十文铜钱可使三四个人吃饱一顿饭，拳头大的玛瑙石质量稍好的，每斤可值二钱银子，小一点或次一点的，每斤可值一钱银子。鸡枞稍微贵一些，五钱银子才买六斤湿鸡枞。此外玉石加工费比较贵，徐霞客在保山想用腾冲潘生送他的翠玉加工两个印池和一个杯子，加工费就要一两五钱银子。从这段记录中可以看出当时玛瑙原料的市场价格情况，就当时而言，南红玛瑙是非常珍贵的。

自从保山发现南红矿后，南红的行情也是一天一个变化。刚开始时每千克15元，还可以挑，不到半年时间就涨到几百元一千克。有个买家2005年第一次上山带了 6 万元，在山上待了一个礼拜，买了一拖拉机才花了 3.4 万元，村里人热情地开着拖拉机把他送到保山，还在保山请他吃了顿大餐。而 2006 年，他买了一块大约两千克的滴水洞材料则花了 68 万元。东山的材料，早几年还没人要，现在开采出来，带围岩一起卖，也要几百元一千克。所以，人们说这几年涨势最疯狂的玉石就是南红，已经超过了翡翠的涨幅。雕刻的成品，如果是工艺美术大师的作品，价格更贵。

如果未来南红矿矿产权拍卖，相信价格还会上涨。

保山南红平安扣　南红传奇收藏

保山南红镶嵌首饰　南红传奇收藏

五、何为老南红

南红收藏圈里多有老南红的说法，那么究竟什么是老南红呢？南红使用历史悠久，但原料极为有限，除几件清宫旧藏之外，其他馆藏多为出土文物，市面上流传的极少。归结起来老南红实际是指三类东西。第一类是指传世的南红制品，以明清时期为多。第二类是指20世纪五六十年代卖到甘南藏区的南红制品，那批材料采于杨柳坝基，颜色艳丽浑厚，多年佩戴后有包浆。早年收的时候很便宜，现在卖得非常贵。也正是因为这批南红制品的发现吸引了人们的眼球，才掀起了寻找南红的热潮。第三类是指颜色纯正艳丽、观感浑厚，但质地疏松的南红，杨柳有东山也有，分别称为杨柳老南红和东山老南红。这种南红取胜于颜色，但很酥，不易加工。

弄清这个概念很有必要。因为现在市场上有一些做旧的南红，人为的做一些风化纹，炒老南红概念是为了卖高价，通常来说，用来做旧的都是极普通材料，价值不高。因为在滚筒中滚动敲打做风化纹时材料易碎，尤其是保山南红裂比较多更容易破碎，做旧成本非常高。如果材料好，各方面都很优秀，价值已经很高了，不用去做旧。

做旧南红作品
表面敲打出风化纹，没有自然包浆

烧红玛瑙做旧，做出表面钙化的出土痕迹

六、保山南红玛瑙的分类

按照保山南红玛瑙的颜色及结构特点分类。

红色料：常见的有柿子红、鸡冠红、辣椒红，颜色艳丽纯正，浑厚。

红白料：指红色和白色为主体颜色的玛瑙，如果红色艳丽，白色为典型瓷白，搭配起来非常美丽，为巧作佳才。

冰红料：冰透的近无色及红色为主体的玛瑙，以及冰透近无色中飘红色的玛瑙。

琥珀料：主要产于三眼井，颜色有橙黄、橙红、棕红、红，质地细腻冰透，可以做首饰。

水红料：包括水红色、粉红色，质地较通透，缺乏胶质感。

纯白料：以白色为主体颜色的玛瑙，以瓷白为最佳。

以上各种材料有时还会有缠丝，出现白芯的地方有石英和水晶。

保山南红原料：瓷白、冰白和柿子红一体　南红传奇收藏

极品保山南红原料（柿子红料、冰红料、红白料） 南红传奇收藏

保山滴水洞南红原料（冰红料和红白缠丝料）　南红传奇收藏

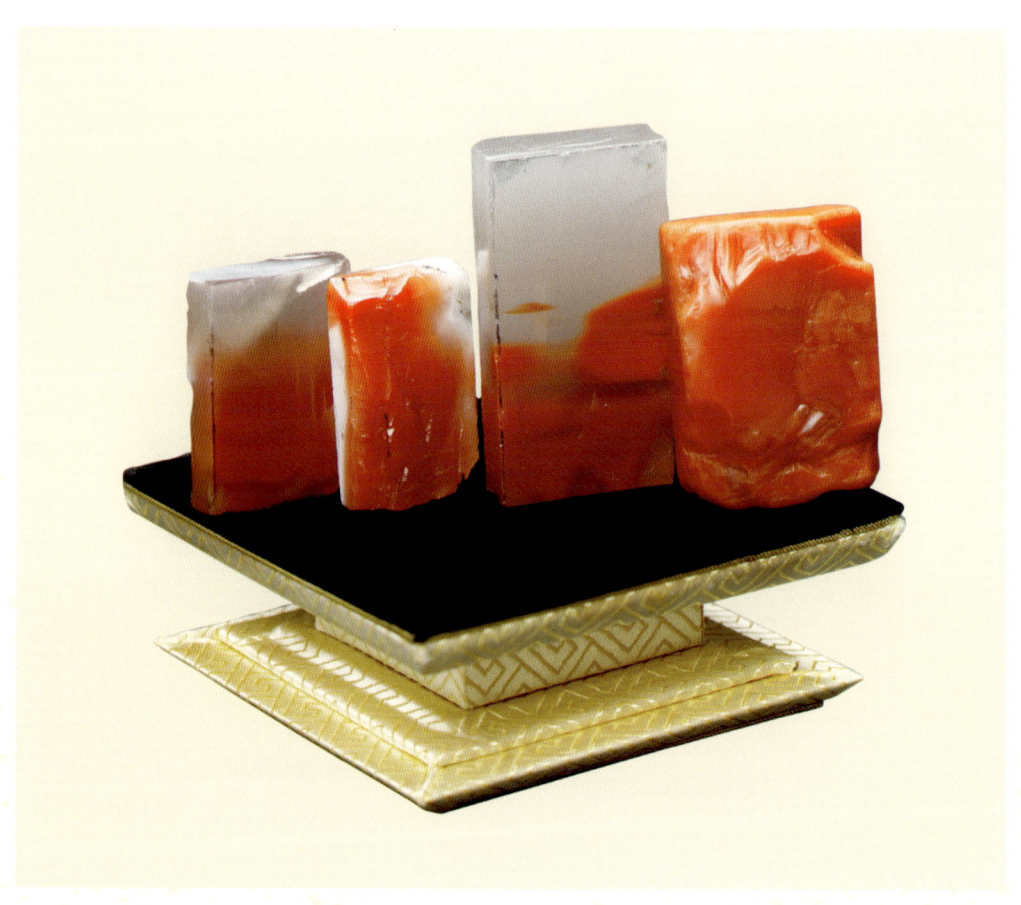

极品保山滴水洞南红原料　南红传奇收藏

极品保山辣椒红　南红传奇收藏

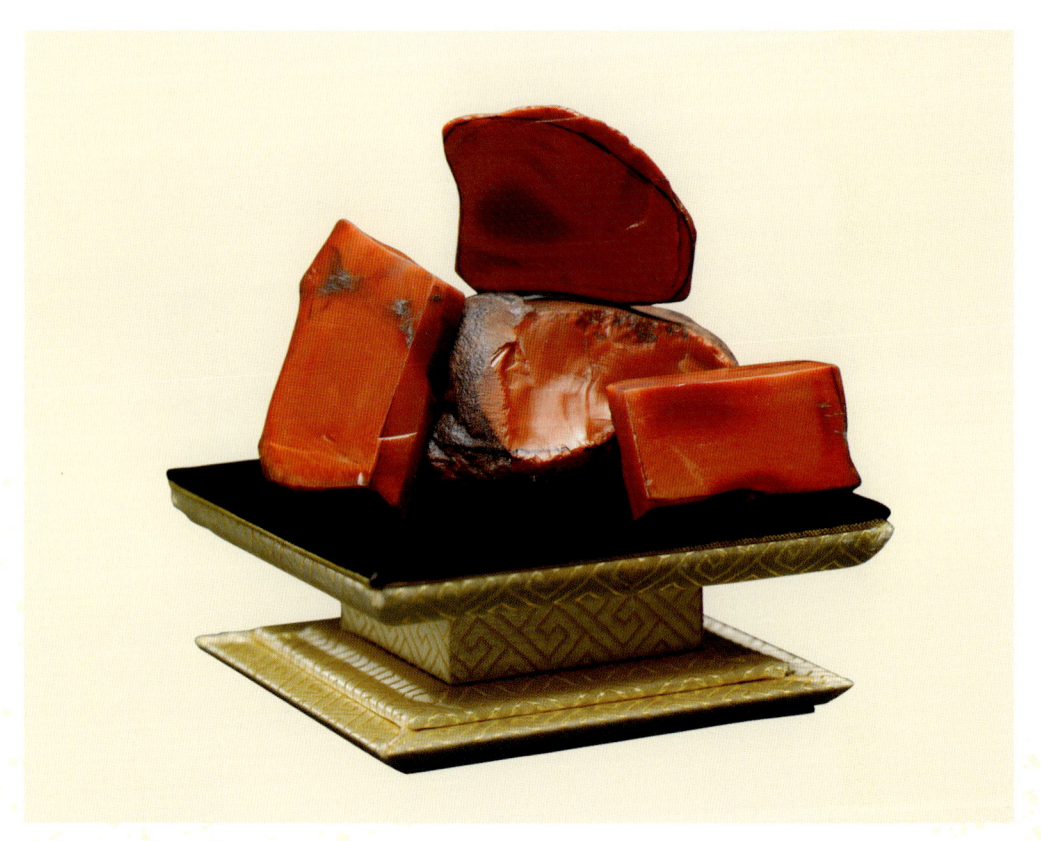

凉山瓦西南红原料

与保山南红最为相似，但油润度及细腻度不及保山南红，带玫瑰紫，宝山料中没有的颜色
南红传奇收藏

第四章

初出茅庐——四川凉山南红玛瑙

欧阳朝霞讲南红

初出茅庐——四川凉山南红玛瑙

一、四川凉山南红玛瑙的主要产区

四川凉山南红玛瑙是近年新发现的南红玛瑙矿石，颜色涵盖广，品质较好，少绺裂，呈卵石形状，材料相对完整，一经发现备受重视。从目前了解的情况看，南红玛瑙在四川凉山的储量比较丰富，除现在已经在开采的几片矿区之外，应该还有未发现的新矿区。为未来的南红市场提供了原料的储备，是很有前途的产地。

凉山南红原生矿产地，目前已经探知的有五处，多集中在凉山州美姑县与昭觉县交界处海拔2000~3900米高的黄毛埂山脉，那里地形复杂、交通不便、经济落后。目前凉山南红的主要出产地有以下几处：

九口乡一带：位于美姑县城西南。是发现较早的凉山南红产地，出品的

白度母　凉山南红红白料

克重：84克　　规格：73mm×49mm×15mm　　自然贞宝收藏

南红品质较高。柿子红和火焰纹大多出产于此。

联合乡一带：位于美姑县境南端。材料颜色多为樱桃红，质地细腻通透，与保山南红的琥珀料很相似，优秀的可以做戒面。

瓦西：位于美姑县境东部。是凉山南红产地中开采条件较差的一处，出产的南红颜色丰富，块度普遍很小，品质很高，玫瑰红多产于此。

庆恒乡（乌坡）：位于昭觉县境东北部。该坑口是2011年上半年开始挖掘的新坑，此地出产的南红材料颜色较均一，以红艳纯正为多，有较大的材料出品，但完整度较低，开采极其困难。

凉山南红玛瑙开采有明显的季节性，产地气候条件差，常年多雨雪，只有雨雪少的秋冬季才可以采挖，而且运输条件极为困难，主要靠人背马驮。其开采也是私采滥挖，安全没有保障，对环境的破坏很大，导致国家资源流失。现在四川凉山的南红矿已经全面封矿，政府提出有序开发拍卖采矿权，未来南红的开采将是有序的，对规范南红原料市场有重大意义。

二、四川凉山南红玛瑙的特点

凉山南红玛瑙是火山喷发而形成，原石为卵石状，看上去和土豆一般。

从外表皮粗细程度来说，有两种较典型的皮壳，一是光滑如铁的"铁皮壳"，二是相对粗糙的"麻皮壳"。铁皮壳的原石通常表皮较薄，肉质更细腻；麻皮壳通常需要去掉较厚的外表皮才能看到里面润泽的肉质。较大的材料里面易有水晶洞。

凉山南红的红色很丰富，玫瑰红色和火焰纹很特别，在保山产南红中尚未发现这两种颜色。玫瑰红相对柿子红、辣椒红要偏紫，为紫红色，如绽开的玫瑰，在凉山南红矿中首次发现，并有一定量的产出。火焰纹也称为"朱砂红"，肉眼可见红色为氧化铁小颗粒聚集而成，近似火焰的纹理，美丽妖娆，有一种特别的美感。凉山南红按颜色分类大致分为：柿子红、玫瑰红、火焰纹、樱桃红、冰飘红、红白料、缟红料、纯白料，各有特色，富有美感。

凉山南红材料完整度要好些，单颗粒材料都较小，外表带皮壳，长期以来被老乡们叫做"打火石"。凉山南红的结晶颗粒偏大，所以显得更加浑厚稳重，而保山南红的结晶颗粒更细腻、更温润，玉化更好，有较强的胶质感，凝重浑厚。凉山料中联合乡出产的材料无论是颜色还是质地上与保山琥珀料很相似，保山料因为历史悠久价格更贵，所以有人拿联合料来冒充保山料销售。

凉山南红的发现，很大程度上丰富了南红的世界，无论是在颜色上、完整度上还是数量上都给了爱好者们更多的选择。很多人在纠结到底是保山南红好还是凉山南红好，还有人在进行所谓的"地域之争"。其实，不管是保山南红还是凉山南红，他们都各有各的特点，各有各的"粉丝"。你在收藏南红之前，可以先了解不同产地材料的优缺点，看感觉哪个更喜欢，哪个更适合自己！南红玛瑙有目前的认知度，恐怕少了哪个产地也不行。

凉山南红手镯套件"花好月圆"

重量：手镯重量 78.7 克　镯心重量 68.7 克　尺寸：手镯内径 55mm　镯心直径 51mm，厚度 16mm　自然贞宝收藏

金奖凉山南红作品"法"

克重：100 克　68mm×40mm×25mm　自然贞宝收藏　作品利用南红的天然红白两面展现了菩萨的两面性，令人叹为观止。

中国财富 收藏鉴识讲堂

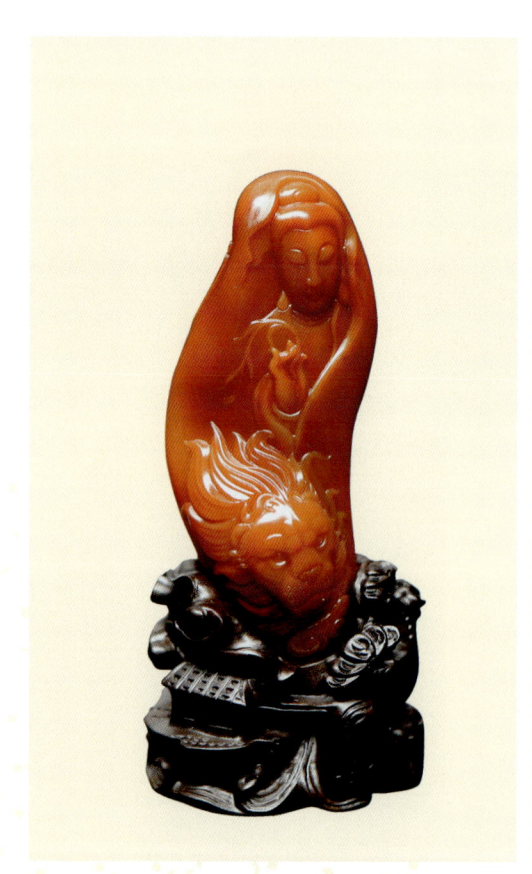

金奖凉山南红作品"佛音狮吼"正反面
克重：180.2 克　105mm×43mm×38mm　自然贞宝收藏

第五章

南红玛瑙与相似宝玉石的辨别

—— 欧阳朝霞讲南红 ——

南红玛瑙与相似宝玉石的辨别

　　自然界中天然红色的宝玉石较少，颜色浓郁、鲜艳的为人们喜爱和追捧。南红玛瑙有一个最典型的鉴定特征是，用肉眼或放大检查可观察到三价铁呈现出非常细小的红点，就是人们常说的朱砂点，但这并不说明南红是朱砂致色，这是误传。红色色度较高的南红是因为红点的密度高，肉眼就不太好分辨，而色度较低的南红就会很容易看清楚小红点的分布。常见的红色宝玉石有：红宝石、碧玺、尖晶石、石榴石、菱锰矿、珊瑚、鹤顶红、红碧石和战国红等。红宝石、碧玺、尖晶石、石榴石属于单晶宝石，无论是外观还是物理化学性质，都与南红有明显区别，易于分辨，就不一一详述。

一、菱锰矿

　　菱锰矿在矿物学中属于方解石族，化学成分为 $MnCO_3$，三方晶系，一轴负光性，折射率为 1.597~1.817，摩氏硬度为 3~5，比重为 3.60，玻璃光泽至亚玻璃光泽，透明至半透明。常为粉红色，通常在粉红底色上有白色、灰色、褐色或黄色条带。具有条带状和层纹状结构，遇酸起泡。半透明的集合体通常作为玉雕原料，俗称"红纹石"。

红纹石的层纹状结构和南红中带条纹的品种具有相似之处，但南红的比重低于红纹石，硬度明显高于红纹石，观感更深沉凝重，是红纹石所不具备的，认真观察可区别。

菱锰矿戒面（红纹石）

菱锰矿手串（红纹石）

保山南红手串　南红传奇收藏

二、红珊瑚

红珊瑚色泽喜人，质地莹润。红珊瑚属有机宝石，化学成分为 $CaCO_3$，折射率为 1.486~1.658，摩氏硬度为 3~4，比重：2.6~2.7。颜色深红、火红为主，还有桃红。呈树枝状，骨骼致密坚韧，不透明—半透明。原料光泽暗，抛光后为蜡状光泽，不耐酸，不耐有机溶剂和挥发性气体。

红珊瑚是珊瑚虫分泌的碳酸钙骨骼，生长于 100~2000 米的深海中，呈树枝造型。有比较典型的结构纹理。沿珊瑚枝纵向有颜色深浅或不同透明度形成连续的波形平行纤维构造。横切面呈同心纹，像树木年轮。枝上有许多圆形小坑，是珊瑚虫穴居的地方。此特殊纹理与结构易将红珊瑚与其他宝玉石区分开来。

藏区对红色的宝石有着特别的情感和寄托，红珊瑚是红色寄托的主要承载。但红珊瑚产量低、产区远，决定了红珊瑚是珍贵的奢饰品，只为少数人服务，但藏民也需要红色的寄托，所以南红成为众多信徒的随身配饰。在藏区发现很多南红制品引起人们注意，才引发了南红寻找热潮，南红回归和藏区有很大关系。

红珊瑚手串

红珊瑚雕件

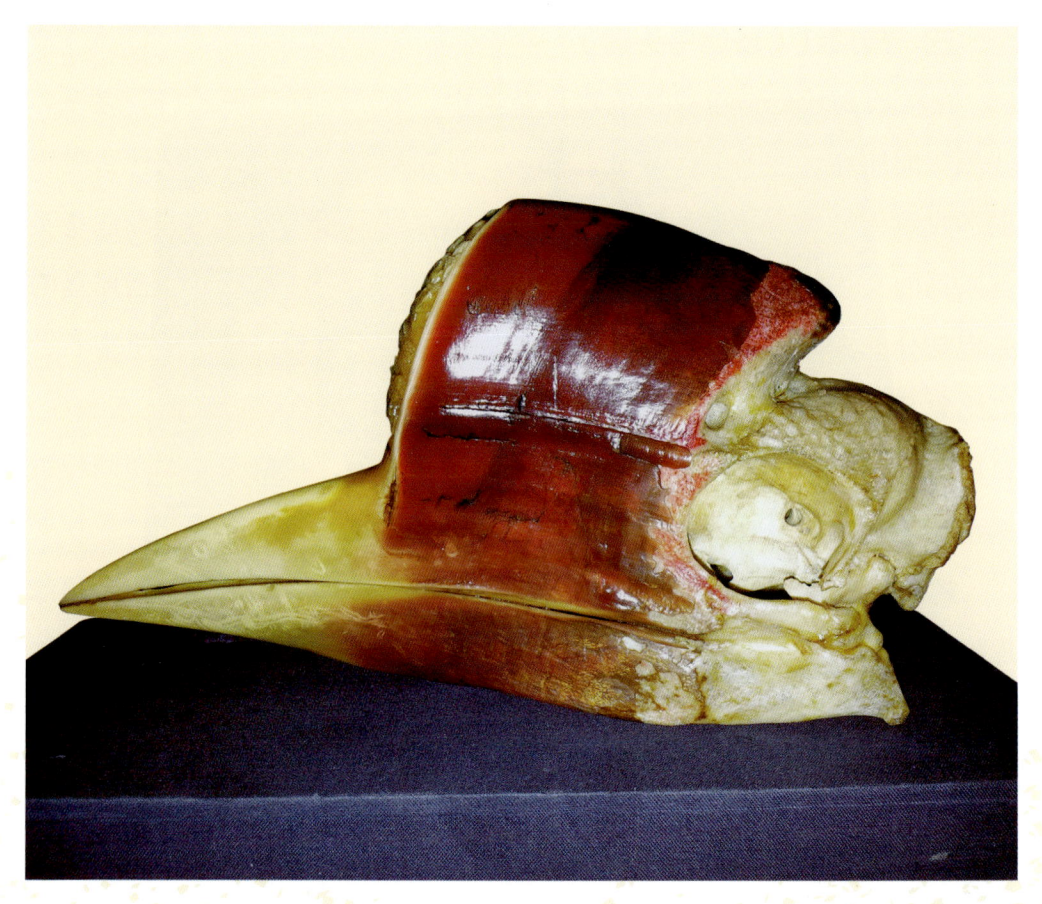

盔犀鸟头胄

盔犀鸟头胄雕刻的观音

四、战国红玛瑙

战国红玛瑙和南红玛瑙一样，是近些年来新出现的名称，简称"战国红"。在时间上比南红还要晚些，是最近五六年才出现，战国红玛瑙是藏家和玩家给取的名字，一般特指具有红黄色缟纹的玛瑙，藏家们认为这些红黄色的缟纹玛瑙与春秋战国时期所出土的红缟玛瑙相似，所以就给这种红缟玛瑙取了个很有历史感的名字：战国红。它主要产于辽宁北票和河北宣化，另外在山东潍坊和浙江浦江也有一部分产出。近几年战国红玛瑙行情也涨得很快。"战国红"和"南红"一样都是商业名称，在珠宝玉石国家标准中没有此名字，统称为玛瑙。

战国红玛瑙和南红玛瑙一样都是玛瑙，宝石学性质也基本一致，但外观上颇有不同，易分辨。战国红玛瑙是红缟玛瑙，主要是红色和黄色的缟纹，有的还有水草花。而南红玛瑙主要是红白两色的缟纹，所以也有玩家把这种红缟玛瑙称为缟红纹南红。

战国红（辽宁北票）

战国红（宣化）

战国红作品（左图为宣化料，右图为北票料）

五、非洲红

南红玛瑙一经发现备受市场关注，涨势很快，吸引了各地甚至外国的红色玛瑙。去年下半年一种被称为"非洲南红"的红色玛瑙开始出现在中国市场上，产地为马达加斯加或坦桑尼亚。这种玛瑙在外观和质地上和南红有些相似，出现之初常被拿来冒充南红。价格涨得也非常快，刚进来时二三十万元人民币一吨，不到一年的时间已经涨到七八十万元一吨。非洲红玛瑙在颜色上普遍是比较淡的红，如樱桃红、粉红、桃红、橙红、玫红，另外还有橙色、黄色、灰紫、紫色等，色域比较宽，也有人称之为"七彩玉"。非洲红玛瑙的红色不如南红玛瑙那么浓郁，而且整体透明度比较好，冰透如水，观感上不像南红玛瑙那么浑厚。此外两种玛瑙的原石区别也比较大：非洲南红的红色部分在原石中间部分，在红色外围包着透明的乳白色、灰蓝色至灰黑色，原料中心较少形成晶洞，质地细腻紧实，绺裂少，制作时出成率很高；而南红玛瑙多为红色包裹白色的晶洞，绺裂发育，观感浑厚，出成率较低。

六、红碧石

碧石指成分中含有黏土矿物和氧化铁等矿物杂质的玉髓，又被称为肝石。其杂质含量常达 15% 以上。因质地不纯，通常表现为不透明或微透明，且光泽亦稍暗于普通玉髓。

碧石的颜色也很丰富。其品种以颜色分，有红碧石、绿碧石、白碧石、黄碧石等。事实上，碧石质地常不均匀，其颜色也较多变，除有单色品种外，也常见杂色品种。当碧石中有两种以上颜色组成各种条带状或风景图画状花纹时，则被统称为"图画碧石"，也可具体地分为条带状碧石、风景碧石等，这种碧石多直接被用作观赏石。在新疆碧石也常被称为"泥石"。

凉山南红产地同时出产大量的红碧石，其中一类火山红碧石外观皮壳和凉山南红几乎完全一致，从外表基本无法正确判断识别。火山红碧石外层也有高温氧化的褐色至铁黑色皮壳，块度大小不一，既有小如豆子的，也有几十千克的硕大原石。两者同为原石时非常相似，肉眼很难鉴别出来。最有效的鉴别方法是在料子上开个窗，通过观察里面的玉质来分辨，一般来讲，红碧石肉质干涩，光泽度较差，无质感，而南红玛瑙较润泽。如果不开窗可以通过比重来区分，红碧石比重大于南红。火山红碧石的完整性非常好，基本没有绺裂。韧性比凉山南红高，抛光效果好，品质好的可做雕刻件。日光下红碧石不透光，即使在玉石专用强光手电下，也几乎不透光。

红碧石可作为玉雕材料。凉山南红行情一路上涨，带动了红碧石的价格上升，但相比南红，红碧石的价格便宜很多。

红碧石原石

七、玻璃

玻璃，收藏圈里常说的料器。玻璃是常见的南红的仿制品，可以根据需要制作出透明、半透明甚至不透明形态，有的甚至可以做出与玛瑙相似的条带构造，具有一定的欺骗性。与天然南红最大的区别是无油脂性，放大检查可见一定的气泡，另外这些玻璃制品有着更低的密度和折射率，摩氏硬度为5，明显低于南红。玻璃性脆，具贝壳状断口。

玻璃仿南红

玻璃仿南红

第六章

南红玛瑙优化处理

—— 欧阳朝霞讲南红 ——

一、热处理

热处理的目的就是通过加热促进氧化作用的发生，把灰色、灰褐色等颜色的玛瑙处理成红色玛瑙。所谓东红玛瑙就是用含铁的玛瑙加热处理后形成的红玛瑙，所以也称之为"烧红玛瑙"。热处理方法的历史很悠久。

烧红的前提是玛瑙中要有致色元素铁。当玛瑙中含有 Fe^{3+}（三价铁）离子时会呈现天然红色，若只含有 Fe^{2+}（二价铁）离子就会呈现青绿色。自然界中大多数玛瑙都同时含有 Fe^{2+} 和 Fe^{3+}，在高温氧化环境下，Fe^{2+} 转化为 Fe^{3+}，褐铁矿转化为赤铁矿，且水分被消除，从而让灰褐色玛瑙转化为较为鲜艳的红色玛瑙。

烧红玛瑙，从感官上和南红玛瑙有明显区别。烧出来的红总体来说不那么自然，基本是红棕色的，红色均匀且偏暗，不明亮不艳丽，红有浮于表面的感觉。从质感上看，由于烧红玛瑙是利用一些浅色玛瑙来加工，这类其他产地的玛瑙，没有南红玛瑙的特有胶感，即油脂感，通透度较高，玻璃感强，和温润特性的南红表象极为不同。而且烧红玛瑙性脆，容易出现类似玻璃的崩口。烧红玛瑙的颜色与天然红色玛瑙具有相同的耐久性，颜色不可逆。

亚光东红玛瑙手串（热处理）

二、染色

自然界天然产出的玛瑙大多数为灰白色、灰色的，颜色不漂亮。染色的目的是使原本灰白、灰色的呈现漂亮鲜艳的颜色。有些玛瑙原石本身含铁元素较高，经过加热后会变为红色，但多数则不具此条件，只有通过染色来改变颜色。

染色可以分为有机染料直接浸泡致色和无机染料渗入、反应沉淀致色等。通常选用结构密度小，有微孔隙的原料进行染色，密度大的材料不易染色。染红玛瑙的常用方法是先用铁离子化合物浸泡，让铁离子侵染到玛瑙的孔隙中，进行加热后得到的产物。另外还有一种方法叫炝色，是将浅色玛瑙加热，然后迅速放入有色的有机染料或无机颜料中，这种方法得到染色品可以减少浸泡时间，但颜色沿裂隙分布会更加明显，易辨别。

染色玛瑙的颜色不是玛瑙本身固有的，而是用人工方法加入的，且只是沉积在玛瑙孔隙内的颜色，一般可以从以下两个方面进行鉴别：

染色玛瑙与天然玛瑙的颜色色调不同，以前用有机染料染的玛瑙颜色与天然品差距大。有机染料颜色艳丽，且易退色，明显地呈现出"假色"。目前采用的无机颜料颜色更接近天然品，但只要认真观察也能找到区别。天然的红色玛瑙为天然红色，自然稳重，而人工染色的红色玛瑙则是人工加入铁离子化合物而呈的红色，这种红色常常有黄色调。

由于染色玛瑙都是经色料浸泡、干燥而呈的颜色，色料沉积在玛瑙的孔隙中，在放大的条件下可以在裂纹和孔隙内找到不均匀的色点。一般用十倍放大镜即可鉴别，精细的染色品要在宝石显微镜下观察，能看到颜色沿晶体间空隙渗透的网状颜色分布，玻璃感强，也无南红特有的脂感。

三、真空注胶、浸蜡

保山南红绺裂较多，尤其是东山南红比较酥很难利用。绺裂过多只能出珠子和小件，难以制作收藏级的南红作品。而且南红产量很低，为了提高材料的利用率，人们将一些宝玉石常用的改善处理方法运用到南红上，比如说真空注胶和浸蜡。

提到真空注胶大家比较熟悉，这是翡翠 B 货制作过程中常见的工艺，用来固结酸洗后被破坏的结构，可以起到既固结了翡翠又增强了透明度的作用。真空注胶属于处理，在鉴定证书上应该标注。浸蜡也是玉石改善常用的工艺，浸蜡的目的是为了掩盖玉石表面的裂纹，增加透明度，处理方法是将玉石成品放入蜡的液体中，稍稍加热、浸泡，使蜡的液体沿裂隙和微小缝隙渗入，再抛光后可增加透明度，掩盖原有表面裂隙。在国标里轻微的、表面的浸蜡属于优化，在鉴定证书上不用标注；但严重的浸蜡，蜡进入深层结构就属于处理了，在鉴定证书上应该标注。

虽然经过真空注胶的南红玛瑙完整性更好，但人为处理，就不再是天然宝玉石，收藏性大大降低。注胶后的南红成品，内部有细如丝线的透明线纹，和南红的天然纹理有一定区别。注过胶的原石较易识别，在外层有一层透明包裹体，间有细小气泡存在。雕刻后的注胶南红肉眼较难识别。仔细观察会发现在内部有细如丝线的透明线纹，是环氧树脂系胶结剂填充后产生的。通常这种透明线纹较为平直，一般贯穿的幅度较长，甚至贯穿整体，与南红中的天然纹理有一定区别。

第七章
南红玛瑙的评价
欧阳朝霞讲南红

南红玛瑙的评价

在评价南红玛瑙之前，先说一说产地在珠宝玉石评价中的重要性。多数人一提起红宝石首先会想到缅甸抹谷的鸽血红，一提到蓝宝石就会想到印度克什米尔的矢车菊蓝，一提到钻石就会想到南非。照理说世界上出产红宝石、蓝宝石、钻石的地方很多，为什么人们第一反应会想到缅甸、印度和南非呢？其理由就是这些产地出产的宝石品质最好或在历史上留下了挥之不去的记忆（意义重大）。缅甸的鸽血红大颗粒未经加热处理的极少，印度克什米尔蓝宝石矿已经绝产，市面上流通的都是藏家手上珍藏的，但凡出现都是在重要的拍卖会上，价格惊人！

很多人一提到南红就会想起保山的柿子红，藏家收藏南红时也面临着产地问题。关于保山南红、凉山南红哪种更值得收藏有很多争论。有的人认为只有保山南红才值得收藏，因为南红最早的产地在保山，最珍贵的柿子红也出在保山，清宫中珍贵的南红作品也取材于保山，包括现在绝大多数传世的老南红都出自于保山，虽然产量少，难取材，且价格昂贵，但出自名门，血统高贵；也有人认为凉山南红好，因为凉山南红色彩包含面广，虽然材料也不大，但材料完整，绺裂少，易于雕刻，有一定的储量，可以满足市场需要。但没有争论的是：保山南红开创先河，谱写历史，而凉山南红承担着继往开来的重任。如果藏家对南红非常了解，对保山南红的认识度高，而且钱包较鼓的话，可以收藏保山南红，而且南红的极品多产于保山；如果是新入手玩家，则最好从凉山南红入手，因为凉山南红时间短、作伪少，而且还不那么贵；不过两个产地现在已经封矿，没有原料来源，品质好的价格都非常贵。

由于这几年南红的行情急剧上升，全国各地都在寻找红色玛瑙矿，很多国外的材料也都纷纷进入中国，比如说印度、巴西、坦桑尼亚产的红玛瑙，但无论颜色和质感都不如保山和凉山的好，藏家们一定要注意区别。

南红成品优劣的评价，与其他玉石有着共通之处。南红收藏的价值优劣

欧阳朝霞讲南红

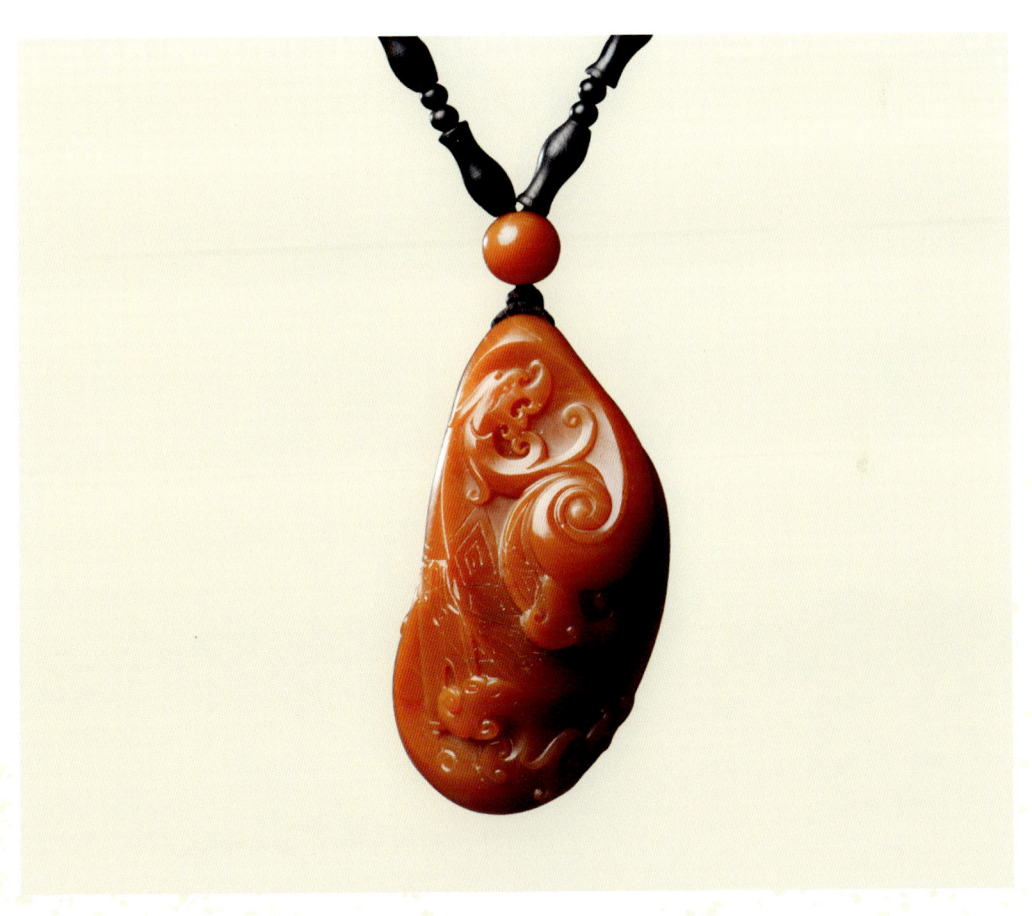

保山南红作品　南红传奇收藏

保山南红玛瑙作品　南红传奇收藏

非洲红玛瑙原料

非洲红玛瑙手串

保山南红水红料作品　南红传奇收藏

主要看以下几方面：

一、颜色

南红之所以被称为南红，可见红色对这种玉材的重要性。南红玛瑙颜色涵盖面广，有柿子红、鸡冠红、辣椒红、玫瑰红、朱砂红、樱桃红、红白、缟红，还有一些过渡色。红色纯正鲜艳稳重者为佳，红色纯正均匀、布满全身的为上品，也就是人们常说的"满红"，这是一个非常重要的评价标准。红色中以柿子红为最贵，玫瑰红也逐步被人们接受成为高贵的品种，朱砂红的火焰纹充满神秘的色彩，樱桃红鲜艳明快备受女性喜爱，红白料如果设计得当往往有出乎意料的效果。如果红得发暗、红得干涩都会影响价格。

二、质地

质地也是评定南红的重要指标。南红和其他的玛瑙不同，南红玛瑙讲究观感厚重深沉，油润细腻。犹如和田玉中的羊脂玉，要体如凝脂，要精光内蕴，要温润致密，如果是发"白"、发"水"的则品味不高。其实南红非常重要的一个特点就是有一种与众不同的胶质感和厚重感，区别于其他的玛瑙"水"

或"透"。这种质地，用灯一打似透非透，朦朦胧胧。藏家们形象地称这种感觉为"有肉"，如果整块玉料都是这种感觉就称为"满肉"；如果整块"满肉"玉料有均匀的红色就称为"满肉满红"，如果红色纯正饱满那就是顶级的材料了。从现在材料的状况而言"满红"易得，而"满肉满红"极为珍贵。如果胶质感、厚重感缺失，材料偏透，则价值不高。

三、完整度

南红完整度主要涉及绺裂、晶洞和杂质三个方面。绺裂越少越好，保山南红绺裂较多，不易取材，降低了材料的利用率；凉山南红材料绺裂较少，完整度较好。部分南红原料带有晶洞，通常晶洞的存在会影响南红的价值，但如果设计制作独具匠心、化瑕为瑜就另当别论了。南红杂质越少越好，越纯净越好。虽然保山南红绺裂偏多，但杂质很少，而凉山的材料杂质偏多些。

四、大小

因为南红作品受材料的约束，普遍不大。历史上南红多为珠子造型，珠子造型很多，如果直径差不多，以圆珠最为占料，价值最高。雕刻件在其他指标都相同的情况下，体量越大越好。

五、雕刻工艺

好马配好鞍，好玉用良工。玉不琢不成器，南红只有经过琢磨雕刻才能尽显玉材之美。如果好的材料没有精心设计制作就是暴殄天物。在雕刻工艺方面，南红很幸运，历史上好的材料多为宫廷所用，留下了一些非常精美的南红艺术品。现在南红依旧很幸运，因为她再次出现时，即被工艺美术大师们所关注，可以说现在苏州做白玉的玉雕大师们有 70% 在进行南红制作，创作出了一大批南红作品。并参加"天工奖"等各项大奖的评比，取得了不俗的成绩。2012 年秋季北京博观拍卖有限公司以"王者归来"为名举办了南红艺术精品专场拍卖，取得不俗战绩。现在一块大师雕刻的大红牌子要三四十万元，一条柿子红的圆珠手串直径 2cm 以上的也要几十万元的价格。另外南红的镶嵌首饰也开始崭露头角，在精良的镶嵌工艺下南红玛瑙向世人展示着它的美丽。

保山南红镶嵌作品　南红传奇收藏

保山南红镶嵌作品 南红传奇收藏

保山南红镶嵌作品　南红传奇收藏

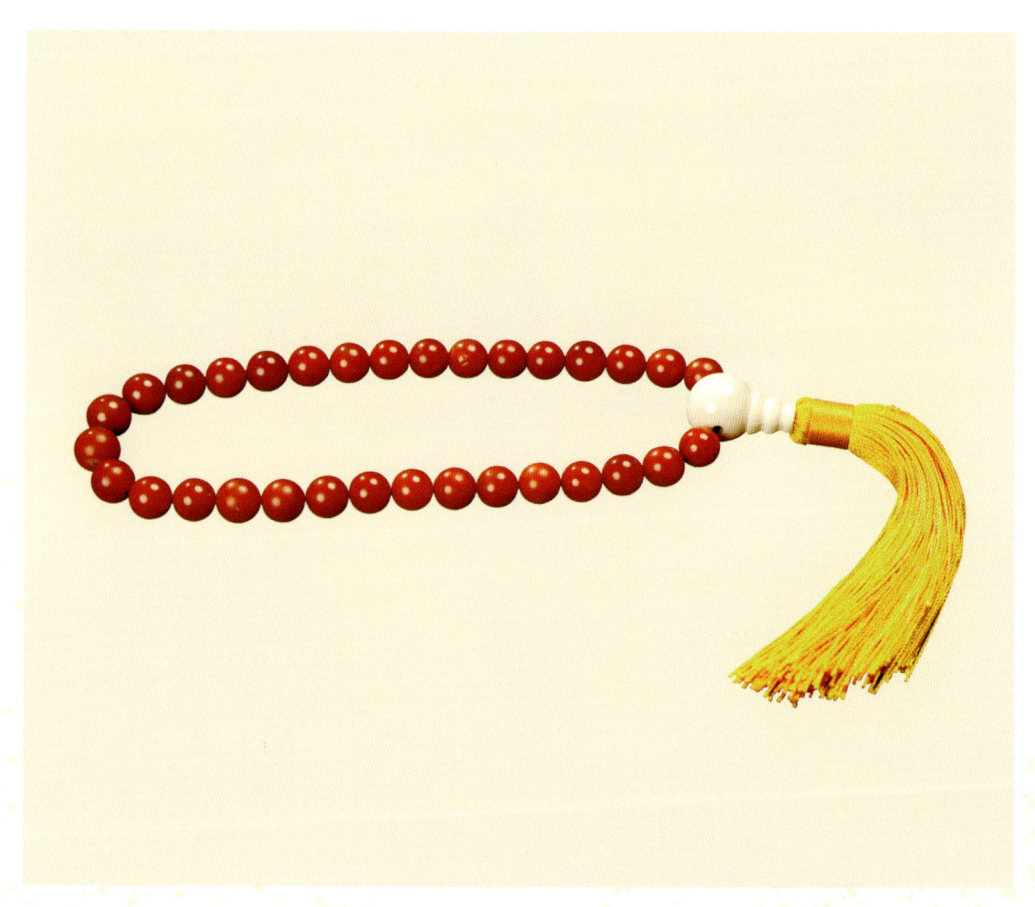

保山南红珠串　南红传奇收藏

保山南红项链　南红传奇收藏